IIIᴱ CONGRÈS NATIONAL

DES

SYNDICATS AGRICOLES

tenu à Orléans les 5, 6 et 7 Mai 1897

Cahier des Revendications de l'Agriculture

CONTENANT LE TEXTE DES

VŒUX ADOPTÉS PAR LE CONGRÈS

ORLÉANS

Union du Centre des Syndicats Agricoles et Viticoles   Imprimerie Georges MICHAU et Cⁱᵉ
17, Boulevard Rocheplatte   9, Rue de la Vieille-Poterie

1897

IIIE CONGRÈS NATIONAL

DES

SYNDICATS AGRICOLES

tenu à Orléans les 5, 6 et 7 Mai 1897

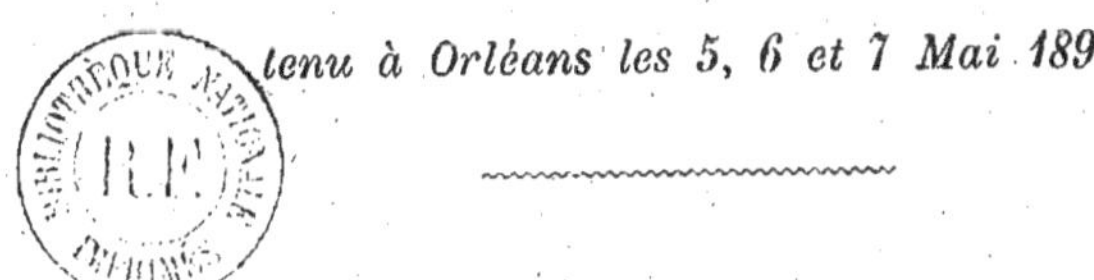

Cahier des Revendications de l'Agriculture

CONTENANT LE TEXTE DES

VŒUX ADOPTÉS PAR LE CONGRÈS

ORLÉANS

Union du Centre des Syndicats Agricoles et Viticoles | Imprimerie Georges MICHAU et Cie
17, Boulevard Rocheplatte | 9, Rue de la Vieille-Poterie

1897

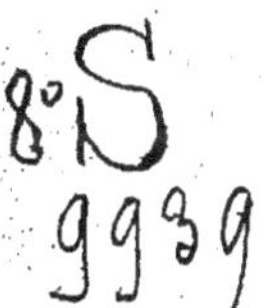

VOEUX ADOPTÉS

PAR

LE IIIᵐᵉ CONGRÈS NATIONAL

Le 3° Congrès *national* des syndicats agricoles s'est réuni à Orléans les 5, 6 et 7 mai 1897, sur l'initiative de l'Union du Centre. Il comprenait les délégués de 287 syndicats agricoles et comptait en outre un nombre important d'auditeurs libres. M. le Président du Conseil, ministre de l'agriculture, avait tenu à s'y faire représenter par M. Vassilière, le nouveau directeur général. Les présidents d'honneur du Congrès étaient M. le Trésor de la Roque, président de l'Union des syndicats ; M. le marquis de Voguë, président de la Société des agriculteurs de France ; M. le comte de Chambrun, fondateur du Musée social et M. Charles Robert, président de la section française de l'Alliance coopérative internationale.

L'ordre du jour avait pour objet principal, la défense de la petite propriété rurale. La première journée a été consacrée à l'Association sous la forme de syndicats et unions régionales, aux assurances agricoles et au crédit rural. A la seconde journée étaient réservés la coopération, l'enseignement et les réformes les plus urgentes pour le maintien et l'extension de la petite propriété rurale. La troisième journée a abordé la question de la représentation de l'agriculture et les revendications d'intérêt agricole réclamées à l'heure actuelle par les populations rurales.

La presse a rendu compte avec un empressement dont nous tenons à la remercier, des nombreux travaux qui ont été abordés dans les différentes séances et de l'importance des discussions qui ont précédé le vote des principales résolutions. Le succès que ce congrès a obtenu, il le doit en grande partie aux éminents rapporteurs qui ont bien voulu approfondir et traiter les questions portées à l'ordre du jour et nous tenons à leur en exprimer toute notre reconnaissance.

La Chambre syndicale de l'Union du Centre a été chargée par le bureau du Congrès de soumettre à la bienveillante attention des pouvoirs publics et des membres des assemblées délibérantes des différents départements de notre circonscription régionale, le texte des principales résolutions discutées et votées pendant ce congrès national.

Elle a l'honneur en conséquence de leur soumettre ces différents vœux et elle espère qu'il pourra y être donné suite dans un délai prochain. Elle aura ainsi rempli la tâche qui lui incombait et qu'elle a été heureuse de remplir dans l'intérêt de nos chères populations agricoles.

1° Syndicats agricoles. — Unions. — Institutions annexes

Le mouvement syndical

Rapport de M. le comte de ROCQUIGNY

« Le 3e Congrès national des Syndicats agricoles.

« ÉMET LE VŒU :

« 1° Que les syndicats agricoles s'attachent à développer de plus en plus leurs services économiques, tels que la coopération, le crédit, la prévoyance, l'assistance mutuelle, etc., sous leurs formes diverses de façon à les rendre sensibles aux petits cultivateurs et aux ouvriers agricoles dont le recrutement doit être particulièrement recherché ;

« 2° Que les syndicats agricoles s'affilient en grand nombre aux Unions et surtout aux Unions régionales qui doivent être pour les syndicats de leur groupement des centres de direction et de propagande, des appuis précieux dans l'organisation de leurs services, des foyers d'action sociale ;

« 3° Que dans les départements qui ne sont pas encore rattachés aux unions régionales, il se crée des unions nouvelles selon les affinités de races, de relations et d'intérêts afin que l'organisation de la forme en Unions régionales de syndicats agricoles soit complétée. »

Le rôle social des syndicats

Rapport de M. KERGALL

« Le Congrès convaincu que la solution pacifique de la question sociale et le relèvement de la Patrie ne peuvent être obtenus que par l'association libre dont la forme la plus complète est le syndicat mixte, le syndicat d'union des classes.

« Fait appel à tous les hommes de bonne volonté et invite tous les patriotes en situation de le faire, à s'associer à l'œuvre des syndicats agricoles. »

L'assistance dans les campagnes

« LE CONGRÈS ÉMET LE VŒU :

« Que les syndicats agricoles s'appliquent à organiser des sociétés de secours mutuels, surtout avec assistance par le travail des autres membres et qu'ils tendent, autant qu'ils pourront, conformément à la loi de 1884, d'établir de petits dispensaires, soit des secours médicaux dans les localités qui en manquent. »

L'assurance contre les accidents du travail

Rapport de M Albert GIGOT

« Le Congrès se prononce nettement contre le projet de loi sur les Caisses d'assurances mutuelles agricoles par l'État qui n'offre ni avantages, ni garanties à l'agriculture et qui est un acheminement vers l'application des doctrines du socialisme d'État. »

La Solidarité orléanaise

Rapport de M. le comte BAGUENAULT DE PUCHESSE

« Le Congrès émet le vœu :

« Que les syndicats cherchent à propager parmi leurs membres l'assurance du travail agricole ;

« Signale à cet égard les traités conclus entre plusieurs syndicats et des compagnies à primes fixes ;

« Signale également le fonctionnement de la Mutuelle syndicale la *Solidarité Orléanaise*, dont, à la suite d'une étude faite par une commission de la Société des agriculteurs de France, le champ d'action va être étendu et dont les services pourront ainsi être utilisés par les syndicats des régions dans lesquelles elle n'opère pas encore. »

L'assurance contre la mortalité du bétail

Rapport du M. Léon RIBOUD

« 1º Le Congrès invite les syndicats agricoles à étudier l'organisation des secours en cas de mortalité du bétail, par petites circonscriptions, au moyen de comptes de prévoyance ;

« 2º Il invite en outre les unions régionales à aider les syndicats, en organisant une participation dans la garantie. »

L'assurance contre la grêle

Rapport de M. Léon RIBOUD

« Le Congrès estime que les syndicats ne doivent pas créer, en vue de l'assurance-grêle, des mutuelles professionnelles dont le fonctionnement pourrait les compromettre. Ils doivent se contenter de négocier avec les compagnies des avantages spéciaux au bénéfice de leurs adhérents.

« Les Unions régionales pourraient envisager la création d'un fond de bienfaisance destiné à atténuer tous les désastres causés, aussi bien par la grêle que par les autres fléaux. »

Le crédit agricole par les associations de formes diverses

Rapport de M. ROSTAND

« Le Congrès, constatant la communauté de vue et le parallélisme d'action entre les congrès du crédit populaire et agricole et ceux des Syndicats agricoles, est d'avis que l'organisation du crédit agricole doit se réaliser de concert avec les Syndicats par des associations de formes variées suivant les tendances et les conditions locales. »

Les caisses rurales à responsabilité illimitée

Rapport de M. Louis DURAND

« Le Congrès, considérant que les Caisses rurales sont une institution parfaitement appropriée aux besoins de crédit de notre agriculture, et que leur fonctionnement est facile lorsqu'elles ont à leur disposition un bureau de consultations juridiques et techniques compétent,

« Émet le vœu que les syndicats agricoles favorisent la fondation des Caisses rurales dans leurs circonscriptions. »

II° Coopération agricole. — Enseignement et défense de la petite propriété rurale

Les coopératives de production

Rapport de M. H. DENIZET

« Le III° Congrès exprime le vœu :

« 1° Qu'il soit créé dans chaque région des coopératives de production pour la vente des produits agricoles ;

« 2° Que les administrations de l'armée et de la marine accordent à ces Sociétés toutes les facilités nécessaires pour prendre part aux fournitures militaires, notamment en fractionnant les lots des adjudications. »

Les coopératives de production et de consommation

Rapport de M. GUINAND

« Le Congrès émet le vœu :

« 1° Que les Syndicats et Coopératives agricoles, répondant à l'appel qui leur est adressé par la Commission mixte des Syndicats agricoles et des Sociétés coopératives de consommation, fassent parvenir sans délai au Secrétaire général de cette Commission, qui a son siège, 30, rue de Provence, à Paris, des indications précises sur leur constitution, leur fonctionnement, les quantités et prix des denrées qu'ils peuvent fournir à la consommation ; et que les noms de ces Sociétés et l'indication de leur genre de production soient portés à la connaissance des Sociétés coopératives de consommation par l'intermédiaire du *Bulletin de l'Union coopérative des Sociétés françaises de consommation* ;

« 2° Que les Coopératives de consommation, pour répondre à l'avis exprimé par le Congrès coopératif international, fassent parvenir à la Commission mixte des indications précises sur les quantités de denrées agricoles consommées par elles, les prix moyens payés par elles jusqu'ici, les modes et les époques d'achat fixés par elles ;

« 3° Que les Sociétés coopératives de consommation s'engagent à donner de préférence, à égalité de qualités et de prix, leurs fournitures aux Sociétés similaires de la production industrielle ou agricole, et affirment ainsi, d'une manière pratique, la solidarité coopérative ;

« 4° Que les indications relatives au nom et aux besoins de ces sociétés, soient portées à la connaissance des Syndicats et Coopératives agricoles, par l'intermédiaire du journal la *Démocratie rurale* en attendant la création d'un organe plus spécial. »

Relations de la consommation avec la production

Rapport de M. CHIOUSSE

CONCLUSIONS. — Le Congrès est d'avis que pour arriver à établir des relations directes entre la production agricole et les sociétés coopératives de consommation il est absolument nécessaire :

« 1° Que l'agriculture s'organise commercialement, cette organisation pouvant seule avoir raison de l'apathie des uns et de l'indifférence des autres ;

« 2° Que l'organe commercial appelé à remplacer le courtier et les autres intermédiaires, doit être la société coopérative agricole de production, alimentée par les producteurs eux-mêmes et responsable de ses livraisons ;

« 3° Que pour la réalisation complète et rapide de l'entente souhaitée entre la production et la consommation, il est indispensable que ces associations répandent le plus largement possible dans les sociétés de consommation, soit des bulletins, soit des prix courants périodiques destinés à tenir ces dernières au courant des denrées offertes et des prix demandés, et à faciliter ainsi leurs achats ;

« 4° Que pour prémunir les sociétés de consommation contre les tromperies des sociétés usurpatrices du titre de : « Sociétés agricoles de production, » la Société des agriculteurs de France, ou l'Union des syndicats des agriculteurs de France, ou tout autre groupement agricole publie, après enquête, la liste des Sociétés agricoles de production réellement coopératives.

Exemption de la patente pour les coopératives

Proposition de M. SORIA

« LE CONGRÈS :

« Considérant que les citoyens ne font pas acte de commerce en s'associant pour se procurer, à meilleur compte, les objets dont ils ont besoin ;

« Considérant que les agriculteurs ne font pas non plus acte de commerce en s'associant pour faire la manipulation et la vente de leurs propres produits, qu'ils peuvent effectuer individuellement sans patente ;

« Considérant que les emprunteurs, en s'associant pour se procurer des fonds à meilleur compte, ne font pas davantage acte de commerce lorsque les associations ainsi formées ne font des opérations de prêt qu'au profit de leurs sociétaires ;

« Proteste énergiquement contre toute prétention d'appliquer la patente à ces associations, et prie Messieurs les représentants des intérêts agricoles et en particulier Messieurs les députés et sénateurs de repousser toute proposition ayant pour objet d'appliquer la patente auxdites associations. »

Relations de la production et de la consommation

Rapport de M. le Baron de LARNAGE

« LE CONGRÈS,

« Dans le but de favoriser les rapports directs entre les producteurs et les consommateurs, si importants au point de vue économique et social de l'amélioration des conditions de l'existence pour les uns et les autres,

« ÉMET LE VŒU :

« 1° Que les Syndicats et Coopératives agricoles, répondant à l'appel qui leur est adressé par la commission mixte des Syndicats agricoles et des Sociétés coopératives de consommation, fassent parvenir sans délai au secrétaire général de cette commission, qui a son siège, 30, rue de Provence, à Paris, des indications précises sur leur constitution, leur fonctionnement, les quantités et prix des denrées qu'ils peuvent fournir à la consommation ; et que les noms de ces Sociétés avec l'indication de leur genre de production soient portés à la connaissance des Sociétés coopératives de consommation par l'intermédiaire du *Bulletin de l'Union coopérative des Sociétés françaises de consommation* ;

« 2° Que les Coopératives de consommation, pour répondre à l'avis exprimé par le Congrès coopératif international, fassent parvenir à la commission mixte des indications précises sur les quantités de denrées agricoles consommées par elles, les prix moyens payés par elles jusqu'ici, les modes et les époques d'achat fixées par elles ;

« 3º Que les Sociétés coopératives de consommation s'engagent à donner de préférence, à égalité de qualités et de prix, leurs fournitures aux Sociétés similaires de la production industrielle ou agricole, et affirment ainsi, d'une manière pratique, la solidarité coopérative ;

« 4º Que les indications relatives au nom et aux besoins de ces Sociétés soient portés à la connaissance des Syndicats et Coopératives agricoles, par l'intermédiaire du journal *La Démocratie rurale*, en attendant la création d'un organe plus spécial. »

L'Enseignement agricole

Rapport de M. le Comte de LORGERIL

« LE CONGRÈS ÉMET LE VŒU :

« 1º Que le programme des écoles primaires de campagne diffère de celui des écoles de ville, de manière à ce que les premières notions d'agriculture théorique et pratique y soient enseignées ; et que le programme officiel des notions élémentaires d'agriculture dans les écoles rurales soit appliqué dans le sens pratique et expérimental, en faisant un constant appel à l'observation et non seulement à la mémoire des enfants ;

« 2º Qu'en dehors de cet enseignement, les exercices de lecture, d'ortho-graphe, d'arithmétique et de rédaction concourent à instruire l'enfant au point de vue agricole et à développer dans son esprit des idées en rapport avec la profession de ses parents, qui sera celle de la majorité des élèves ;

« 3º Que les syndicats départementaux délèguent aux écoles qui en feront la demande, dans chaque commune, le chef de l'exploitation la mieux tenue de ladite commune, à titre de professeur pratique d'agriculture ;

« 4º Que le certificat d'études primaires s'applique désormais aux matières agricoles, aussi bien qu'à toutes les autres ;

« 5º Que les syndicats et autres sociétés agricoles et horticoles décernent des récompenses aux élèves et aux maitres qui se sont distingués par les résultats obtenus ;

« 6º Que, de plus, il soit établi dans les collèges, dans les écoles d'ensei-gnement secondaire moderne et dans les écoles primaires supérieures, des cours spéciaux d'agriculture ;

« 7º Qu'il soit créé le plus grand nombre possible d'écoles pratiques d'agri-culture ;

« 8º Que dans le programme du baccalauréat moderne une part soit faite à l'enseignement agricole.

« 9º Qu'en attendant l'exécution, dans les écoles officielles, des mesures pro-posées, elles soient appliquées dès maintenant dans toutes les écoles libres, sur l'initiative des syndicats et autres associations agricoles et horticoles. »

Mesures préventives contre le morcellement de la petite propriété rurale.

Rapport de M. JOHANET.

« Le Congrès émet le vœu :

« 1° Que le Gouvernement recherche, dans une Commission extra-parlementaire, les moyens législatifs propres à empêcher le morcellement indéfini de la petite propriété rurale par voie de partages ;

« 2° Que les articles 826 et 832 soient modifiés en ce sens que dans tous les partages, même dans les partages où sont intéressés des mineurs, des incapables ou des absents, chaque lot puisse être composé en valeurs de nature différente ; que le lotissement puisse être tout mobilier ou tout immobilier ;

« Dans les partages où seront intéressés des mineurs, incapables ou absents, le partage devra toujours être homologué par le tribunal compétent, lequel pourra toujours aussi provoquer, s'il l'estime nécessaire, une délibération du conseil de famille pour s'éclairer sur la composition des lots.

« 3° Que l'article 832 soit modifié en ce sens que le tirage au sort ne soit plus obligatoire, au cas de minorité, mais qu'il soit toujours possible de procéder par voie d'attribution avec l'homologation du tribunal et, si le tribunal l'ordonne, l'avis du conseil de famille demandé à titre consultatif ;

« 4° Que dans les partages d'ascendants les lotissements puissent être faits par le père de famille en composant les lots de telle nature de biens qu'il lui conviendra. »

La défense de la petite propriété rurale au point de vue législatif.

Rapport de M. MILCENT.

« Le III° Congrès national prend acte des réformes proposées par M. Milcent, suivant les conclusions de son rapport et concernant les législations économique et douanière, la législation du Code civil et de la dette hypothécaire, la défense de la petite propriété rurale au point de vue des partages, l'abaissement du taux légal de l'intérêt.

« Il croit devoir, en outre, adopter les conclusions concernant : l'inégalité des charges fiscales qui grèvent la terre au détriment de la petite propriété, l'impôt foncier, les droits de mutation, les prestations, les octrois et les frais des ventes judiciares. »

Régime fiscal des successions

Rapport de M. THILLIER

« Le Congrès,

« Vu le rapport présenté au Sénat, le 9 juillet 1896, par M. Cordelet sur le projet de loi adopté par la Chambre des députés et portant modification du régime fiscal des successions, donations et ventes de meubles ;

« Vu le nouveau texte élaboré par la Commission sénatoriale ;

« Et s'associant, avec adoption des motifs, au vœu émis le 5 avril dernier par la Société des agriculteurs de France ;

« Émet le vœu :

« 1° Que le projet présenté au Sénat soit amendé de manière à compenser la perte résultant de la déduction du passif, soit par des économies, soit par des remaniements de taxes atteignant les valeurs ou matières imposables qui, actuellement, échappent à l'impôt ;

« 2° Que, dans le cas où cette combinaison ne paraîtrait pas réalisable, le *statu quo* soit maintenu de préférence à l'établissement de surtaxes sur les héritages ruraux ou à l'introduction dans nos lois du principe socialiste de l'impôt progressif,

« Et, de plus,

« Vu le projet de loi présenté au Sénat par le Garde des Sceaux sur la réforme hypothécaire ;

« Considérant que l'article 3 de ce projet astreint les mutations par décès de droits réels immobiliers à la publicité par la transcription, soit de l'acte constitutif ou déclaratif de la transmission de propriété, soit de la déclaration faite au bureau de l'Enregistrement ;

« Que cette formalité, dont l'utilité n'est pas démontrée, entraînerait de nouvelles charges spéciales aux successions immobilières et qui, par conséquent, atteindraient particulièrement l'agriculture ;

« Sans examiner d'ailleurs, quant à présent, le surplus du projet de loi sur la réforme hypothécaire, et toute réserve faite à cet égard ;

« Émet le vœu :

« Que les mutations par décès de droits réels immobiliers et les actes constitutifs ou déclaratifs de ces mutations ne soient pas assujettis à la formalité de la transcription. »

III. — Représentation de l'agriculture et revendications agricoles

Représentation de l'agriculture

Rapport de M. DUPORT

« Le Congrès,

« Considérant que l'agriculture a droit à une représentation égale à celle du commerce et de l'industrie ;

« Demande qu'il soit créé des Chambres d'agriculture, jouissant des mêmes prérogatives et élues sur les mêmes bases que les Chambres de commerce ;

« Déclare repousser toute loi qui ne respecterait pas ce principe d'égalité, notamment le projet présenté par la Commission de la Chambre des députés et, qu'au cas où une telle loi viendrait à être votée, les véritables représentants de l'agriculture seraient encore les Sociétés, Comices et Syndicats agricoles. »

Loi du Cadenas

Proposition de M. COURTIN

« Considérant que toutes les fois que les Chambres sont saisies d'une proposition tendant à élever les droits d'entrée sur les produits agricoles, la spéculation profite des débats parlementaires pour multiplier les importations de ces produits ;

« Que cette pratique a pour but d'annuler pendant de longues périodes l'effet des droits votés par le Parlement, et cela au bénéfice des seuls agioteurs, les quantités introduites étant appelées non par les besoins de la consommation, mais uniquement dans le but d'éluder la taxe ;

« Que cette manière d'opérer constitue un danger pour notre agriculture, tout relèvement de droits dans ces conditions pouvant amener un écrasement des cours ;

« Considérant, d'autre part, qu'il est indispensable que le dépôt d'un projet de loi touchant les intérêts agricoles et les débats auxquels il peut donner lieu ne puissent servir de prétexte et de base à des spéculations de jeu,

« Émet le vœu :

« Que le Parlement vote sans retard la loi dite du Cadenas, sans l'application de laquelle toutes les lois douanières, qui devraient être profitables à l'agriculture, tournent à son détriment ;

« Que les applications de la loi dite du Cadenas soient limitées aux produits agricoles. »

Les Admissions temporaires

Rapport de M. DARBLAY

Le Congrès, convaincu des avantages que présenterait pour l'agriculture la suppression du régime des admissions temporaires ;

Constatant que depuis qu'il fonctionne, ce régime a toujours favorisé un petit nombre de spéculateurs, au grand désavantage de tous les cultivateurs français ;

Affirme énergiquement que sa suppression est maintenant reconnue indispensable aux intérêts agricoles.

« ÉMET LE VŒU :

« Que le régime de l'admission temporaire, source de fraudes à l'infini, soit remplacé par un droit payé en argent à l'entrée, et qu'aucune différence n'existant plus entre le blé étranger qui a acquitté les droits et les blés français, le droit soit remboursé à la sortie des douanes, sur un seul type de farine, quelle que soit la provenance ou la frontière ;

« Comme disposition transitoire, en attendant que le présent projet puisse être soumis au vote du Parlement ;

« Considérant qu'il importe d'éviter immédiatement les erreurs ou les fraudes, qu'une diversité de types de farines entraîne forcément ; qu'il est indispensable, si l'on veut que les droits douaniers jouissent de toute leur efficacité, de rendre impossible l'agiotage sur les acquits-à-caution.

« Le Congrès émet le vœu :

« 1° Que l'acquit-à-caution soit nominatif ;

« 2° Que l'acquit-à-caution soit apuré par le meunier importateur, ou par un endossement unique, au profit d'un autre meunier, en indiquant, lors de la levée de l'acquit, le nom de l'endosseur ;

« 3° Que le délai d'apurement soit réduit à un mois ;

« 4° Qu'il ne soit créé qu'un seul type de farine pour les blés tendres, s'apurant par la sortie d'une quantité de farine et de son suffisante pour sauvegarder les intérêts de l'agriculture française. «

Réglementation des marchés fictifs

Rapport de M. A. COURTIN

« Considérant que les marchés à terme fictifs sont des spéculations de pur jeu pouvant être différenciés des marchés à terme licites ;

« Considérant que ce sont des opérations immorales, parce qu'elles engagent non seulement les capitaux de ceux qui s'y livrent, mais en même temps ceux de tous les producteurs,

« Qu'en faisant peser sur les cours une quantité absolument fictive de produits, ils causent une dépréciation considérable et non justifiée de ceux-ci,

« ÉMET LE VŒU :

« Que les pouvoirs publics, s'inspirant des législations étrangères qui ont déjà prohibé ces marchés, promulguent à bref délai une loi réglant la matière, notamment que les marchés à livrer sur denrées et produits agricoles ne soient reconnus licites que s'ils ont pour but et pour objet la livraison réelle de ces produits au terme fixé par la convention ; que tous autres marchés de cette nature soient assimilés, au point de vue civil, aux dettes de jeu et au pari. »

Répression des fraudes sur les vins

Proposition de M. le baron de LARNAGE

« Le troisième Congrès national des Syndicats agricoles de France,

ÉMET LE VŒU :

« Que les employés des contributions indirectes autorisés à verbaliser, soient institués officiers de police judiciaire ;

« Que, tout au moins, ils soient tenus de constater par procès-verbaux toutes les infractions aux lois répressives de la fraude, et de communiquer ces procès-verbaux aux procureurs de la République ;

« Qu'au cas de poursuite pour contravention en matière de contributions indirectes, les procès-verbaux des employés des contributions ne fassent foi que jusqu'à preuve contraire dans les termes du droit commun ;

« Que toute transaction soit interdite, quand le procès-verbal constatera ou impliquera une infraction aux lois répressives de la fraude des vins. »

Relévement des droits de douane sur les porcs et leurs dérivés

Rapport de M. MILCENT

« Le troisième Congrès national des Syndicats agricoles de France :

« Considérant que l'élevage et l'engraissement des porcs sont une des formes les plus importantes de la production agricole et qu'ils constituent le plus clair des revenus des petits cultivateurs ;

« Considérant que, depuis deux ans, une baisse croissante s'est produite sur les porcs et qu'aucune mesure n'a pu jusqu'ici empêcher l'avilissement des cours ;

« Considérant que la production, malgré une certaine augmentation, est encore au-dessous des besoins de la consommation, puisque, d'après les statistiques officielles, il a été importé en France, déduction faite des exportations, pour 45 millions de produits de porc de toute nature en 1895 et pour 25 millions en 1896 ;

« Que tous ces produits étrangers ont été absorbés par la consommation, concurremment avec les produits français, et que, par conséquent, il est évident qu'il n'y a pas de surproduction ;

« Considérant que les tarifs de douane votés en 1892 sur les produits du porc, à une époque où les viandes salées d'Amérique étaient interdites, n'ont pas été relevés et qu'ils sont insuffisants aujourd'hui, après le retrait de l'interdiction ;

« Considérant que la concurrence dont souffre le marché français provient en particulier des viandes fraîches, de la charcuterie et des saindoux exportés d'Amérique ;

« Considérant, d'autre part, qu'un projet de loi pour le relèvement des droits d'entrée sur les produits importés aux États-Unis a été déposé, le 16 mars dernier, à l'ouverture du Parlement américain, et que le meilleur moyen d'obtenir des concessions pour les produits français serait la mise en discussion d'un projet de relèvement sur les importations américaines ;

« Considérant, en outre, qu'il y a intérêt, — la loi du cadenas n'étant pas encore votée, — à ce que de nouvelles importations ne viennent pas augmenter le stock des produits déjà trop considérables et annihiler l'effet de nouveaux droits. »

« Le troisième Congrès national des Syndicats agricoles de France,

ÉMET LE VŒU :

« Que l'urgence soit prononcée sur le projet de loi déposé à la Chambre, le 28 janvier dernier, par MM. Jonnart et Graux pour le relèvement des droits de douane sur les porcs. »

Le tribunal arbitral
dans les Associations professionnelles

Proposition de M. BOUSSION

« Le Congrès national des Syndicats agricoles,

ÉMET LE VŒU :

« 1° Qu'il soit créé, autant que possible, dans chaque Syndicat agricole, un tribunal arbitral, dont les membres seront désignés par le Conseil d'administration, et qui aura pour mission de concilier ou de juger, sans appel, les contestations ayant un caractère professionnel qui leur seront soumises par les adhérents ;

« 2° Qu'à cet effet, dans chaque affaire, les parties signent un compromis acceptant la juridiction du tribunal arbitral, à titre d'amiables compositeurs, déterminant l'objet du litige, fixant les délais de comparution, de production des pièces et de prononcé du jugement, autorisant l'audition de témoins, s'il y a lieu, et renonçant expressément aux délais et formalités de procédure ainsi qu'à l'appel de la décision à intervenir ;

« 3° Que les frais pouvant résulter de ce service judiciaire, dont tous les emplois seront gratuits, soient supportés par la Caisse du syndicat ;

« 4° Qu'en cas de refus, de la part d'un syndicataire ayant accepté la juridiction du tribunal, de se conformer volontairement à la sentence rendue, l'exclusion de ce membre du Syndicat soit de droit. »

Cahiers des charges pour la fourniture des produits agricoles aux administrations publiques

Rapport de M. BRETON

« Le Congrès émet le vœu que par des adoucissements apportés aux clauses des cahiers des charges et par des lotissements portant des quantités les plus réduites possible (cent et même cinquante quintaux par exemple), l'accès des adjudications publiques de denrées agricoles soit rendu plus facile aux cultivateurs.

« Le Congrès recommande en outre de toutes ses forces aux cultivateurs, pour leur permettre d'atteindre ce but, de se syndiquer entre eux et de constituer des sociétés coopératives de production ayant pour but de réunir des quantités importantes de denrées agricoles pour les fournir à l'État, d'emmagasiner ces denrées, de faire toutes avances aux syndiqués, de se procurer les ustensiles nécessaires pour le conditionnement et la mise en état de réception des denrées, et enfin de représenter les producteurs dans les adjudications publiques. »

Tarifs de transport par chemin de fer des blés et autres produits agricoles

Proposition de M. BERTHIER

« Le troisième Congrès national des Syndicats agricoles de France,

« Considérant que les tarifs communs internationaux permettent aux blés étrangers d'être transportés à un prix moins élevé des ports à l'intérieur, que nos blés français le sont de l'intérieur à la frontière ou aux ports ;

« Considérant que les Compagnies de chemins de fer, qui bénéficient de la garantie de l'État, doivent traiter les producteurs français au moins aussi favorablement que les producteurs étrangers.

« Considérant qu'il y a grand intérêt à ce que les régions de la France productrices de blé puissent écouler leurs produits sur les régions qui ne produisent pas la quantité nécessaire à leur consommation, et à ce que cette insuffisance soit comblée par des blés français, au lieu de l'être par des blés étrangers ;

« ÉMET LE VŒU :

« Que le tarif commun, existant entre quelques compagnies de chemins de fer pour le transport des blés, soit étendu, ainsi qu'il a été fait pour les engrais, à tout le réseau des chemins de fer français;

« Et qu'en aucun cas, les prix de ce tarif commun ne soient supérieurs à ceux actuellement appliqués par la Compagnie d'Orléans ;

« Que les tarifs de transport des denrées agricoles soient unifiés le plus promptement possible par l'adoption du barême commun dû à l'initiative de la Compagnie de l'Ouest ;

« Que tout privilège de pénétration par voie de fer et par eau, favorisant la production étrangère au préjudice de la production nationale, soit supprimé ;

« Que l'agriculture obtienne, dans le Comité consultatif des chemins de fer, une représentation proportionnelle à l'importance des transports qu'elle procure aux Compagnies. »

Les mercuriales agricoles

Proposition de M. SAGOT

« Le Congrès considérant :

« Que dans tous les centres importants, les mercuriales officielles des produits agricoles sont établies par des courtiers de commerce seuls dont l'intérêt est naturellement d'abaisser les cours ;

« Qu'en fait les cours indiqués par les mercuriales officielles sont presque toujours inférieurs aux cours vrais ;

« Que tous les efforts tentés jusqu'ici en différentes villes pour obtenir qu'un représentant autorisé du monde agricole fût tout au moins adjoint aux courtiers de commerce chargés d'établir les mercuriales sont restés sans résultat.

« Qu'il est urgent de remédier à cet état de choses éminemment préjudiciable aux intérêts de tous les cultivateurs, et particulièrement des petits, qui ne fréquentant que peu les marchés, sont plus sujets à être induits en erreur par des renseignements officiels erronés.

« ÉMET LE VŒU :

« 1° Que, dans chaque centre important pour la production et la vente des céréales désigné par le Conseil général de chaque département, il soit établi une Commission composée de trois membres choisis : le premier sur une liste présentée par les associations agricoles, le second sur une liste présentée par la Chambre de commerce ou le Tribunal de commerce, le troisième sur une liste présentée par la municipalité ;

« Que ces Commissions reçoivent les déclarations des vendeurs et des acheteurs et que les cours des céréales ainsi constatés soient publiés, chaque semaine, au *Journal officiel* ;

« 2° En attendant la réalisation de ce premier vœu :

« Que tous les Syndicats établissent, au moyen d'agents spéciaux, une mercuriale des produits agricoles les plus importants pour les principaux marchés de leur circonscription ;

« Que cette mercuriale soit insérée par leurs soins dans les journaux locaux, sous ce titre : « Mercuriale de l'Union des Syndicats agricoles de France. »

« Et qu'un Bulletin général soit créé, publiant chaque jour les cours recueillis ainsi par les Syndicats dans la France entière. »

Exemption de la patente imposée à des caisses rurales de l'Isère

Proposition de M. Louis DURAND

Le Congrès.

« Considérant que la patente ne peut être imposée aux caisses rurales qui sont de simples sociétés d'emprunteurs ;

« Considérant que l'attribution à une œuvre d'utilité générale des excédents éventuels des bonis, bien loin de représenter pour les associés un bénéfice improbable, prouve que les associés ne cherchent pas à s'enrichir par l'exercice d'un commerce ;

« Remercie M. Méline de sa promesse de faire donner une prompte solution à la réclamation des caisses rurales de l'Isère ; proteste énergiquement contre la tentative de l'administration d'imposer ces caisses à la patente et contre les retards qu'elle apporte à mettre en état sa procédure devant le Conseil d'Etat. »

La mendicité et le vagabondage dans les campagnes

Rapport de M. A. COURTIN

« Le troisième congrès des Syndicats agricoles :

« Considérant que le vagabondage et la mendicité dans les campagnes ont pris, depuis quelques années, une extension considérable ;

« Que ces vagabonds et mendiants sont, pour la plupart, des professionnels ayant leurs seuls moyens d'existence dans la mendicité et le vol ;

« Que, vu l'éloignement des habitations, ils constituent un véritable danger pour le public ;

« Considérant, d'autre part, qu'il est équitable de donner secours à ceux de ces vagabonds et mendiants valides momentanément sans travail et à ceux qui ne peuvent plus travailler,

« ÉMET LE VŒU :

« 1° Que le gouvernement veille à la stricte exécution des prescriptions légales en matière de vagabondage et de mendicité, et que l'autorité administrative par sa surveillance, l'autorité judiciaire par la sévérité de la répression contre tout vagabond ou mendiant valide, protègent plus efficacement les populations des campagnes contre les exactions et les dangers dont elles sont l'objet ;

« 2° Que le gouvernement prenne toujours contre les vagabonds et mendiants étrangers les mesures d'expulsion autorisées par la loi ;

« 3° Qu'il soit pris des mesures spéciales contre le vagabondage en roulotte qui offre les plus graves dangers en raison de la facilité de séjour des vagabonds et au besoin légiféré contre le vagabondage en roulotte.

« 4° Que les Syndicats, — les mesures répressives ci-dessus empêchant tout vagabondage à travers les terres, les bois et chemins, — étudient les moyens pratiques d'organiser la répression libre du vagabondage. »

Le repos du Dimanche

Proposition de M. BERTHIER

« LE CONGRÈS,

« Considérant qu'au point de vue social, la Ligue populaire pour le repos du dimanche est une œuvre de moralité, de bien physique et intellectuel, de justice et de fraternité ;

« Qu'elle a été créée en laissant à ses adhérents toute liberté au point de vue religieux ;

« Qu'elle n'entend point s'imposer, qu'elle désire au contraire s'étendre par la persuasion, et faire admettre dans nos mœurs, par ce moyen pacifique, la nécessité du repos du dimanche ;

« Considérant que le but poursuivi par la Ligue s'applique aux campagnes comme aux villes, qu'elle intéresse à un aussi haut degré l'agriculture que le commerce et l'industrie,

« ÉMET LE VŒU :

« Que tous les Syndicats agricoles de France adhèrent, comme syndicats, à la Ligue populaire du repos du dimanche ».

La réforme des Caisses d'épargne

Proposition de M. ROSTAND

« LE CONGRÈS,

« Constatant la nécessité de la déconcentration de l'épargne populaire pour le développement du crédit agricole, ainsi que la légitimité et l'utilité du concours des caisses d'épargne à ce développement ;

« Émet le vœu que la réforme graduelle du régime des caisses d'épargne, commencée par la loi du 20 juillet 1895, soit poursuivie dans le sens du libre emploi décentralisé, de telle sorte que l'épargne locale soit mise à même de satisfaire aux besoins locaux de crédit et que le crédit local fasse fructifier l'épargne locale. »

La législation douanière des colonies françaises et pays de protectorat

Proposition de M. de LARNAGE

« LE CONGRÈS,

« Considérant que le développement de la production dans les colonies françaises et dans les pays de protectorat, notamment en Algérie et en Tunisie, est d'intérêt national ;

« Émet le vœu qu'aucune restriction ne soit apportée aux avantages à eux concédés par la législation douanière. »

IMPRIMEURS À ORLÉANS